ESSAI

SUR

LA FORMATION

DES

CORPS ORGANISÉS.

ESSAI

SUR

LA FORMATION

DES

CORPS ORGANISÉS.

C.'''ⁿ 118 ᵇⁱˢ

A BERLIN

1754.

AVERTISSEMENT.

M. FRÉRON, dans la septiéme de ses *Letres sur quelques écrits de ce tems*, tome VIII. p. 145, a donné un extrait assez étendu & très-bien fait des œuvres de M. de *Maupertuis*, recueillis en un volume *in*-4°. imprimé à Leipsik, & publié à Dresde. *La Vénus physique* fait partie de ce beau recueil : à cette oca-

fion M. *Fréron* dit ce qui
fuit :

    « On fait que les Chi-
» miftes , dans l'impoffi-
» bilité d'expliquer mé-
» chaniquement , au fens
» de *Defcartes* , les phé-
» nomenes de la diffolu-
» lution des métaux , &
» d'autres opérations chi-
» miques , ont été forcés
» de recourir à quelque
» chofe de fort fembla-
» ble à *l'attraction New-*
» *toniene* , qu'ils ont dé-
» guifée fous le nom plus

» doux d'*affinité*. Si l'on
» admet de pareils ra-
» ports d'union entre les
» parties constituantes
» du fœtus , & d'autant
» plus grands que les par-
» ties doivent être plus
» voisines , on explique-
» ra plusieurs faits con-
» cernant la ressemblan-
» ce des races, la produc-
» tion des monstres , le
» mêlange des especes ,
» &c. dont , jusqu'à pré-
,, sent , on n'avoit pû
,, donner de raison vrai-

,, femblable. Mais ce
,, principe d'union n'eſt-
,, il pas lui-même inex-
,, plicable ? Un philoſo-
,, phe moderne a tran-
,, ché la dificulté. J'a-
,, prens qu'au mois de
,, Septembre 1751, M.
,, *Baumann* a ſoutenu à
,, *Erlangen* en Allema-
,, gne une theſe , dans
,, laquelle il prétend que
,, toutes les parties de la
,, matiere , & ſur - tout
,, les parties organiſées*

* On pouroit conclure de ces

,, que les dernieres expé-
,, riences ont fait décou-
,, vrir, font animées d'u-
expreſſions, que dans la theſe
d'Erlangen il eſt queſtion des
moléules organiques, dont il eſt
parlé dans le tome II. de l'Hiſtoire naturelle de M. *de Buffon*;
& que c'eſt particulierement à
ces parties organiques que l'auteur de la theſe atribue l'inſtinct:
mais il ne s'en tient pas là, &
va beaucoup plus loin. Il ne par-
le pas même des *moléules orga-*
niques. Il donne l'inſtinct à chaque partie la plus petite de la
matiere, & forme tout avec cela, ſans cette diſtinction de M.
de Buffon entre *matiere brute* &
matiere organiſée. Par conféquent
dans le ſyſtême de M. *Baumann*,

,, ne forte d'inftinct plus
,, ou moins parfait , tel
,, à peu près qu'on l'a-
,, corde aux animaux, &
,, que les mêmes parties
,, confervent la mémoire
,, de leur ancienne fitua-
,, tion qu'elles tendent à
,, reprendre. Ceci pofé,
,, il explique affez heu-
,, reufement un grand
,, nombre de phénome-

les molécules organiques aper-
çues par MM. *de Buffon* & *Née-
dam*, feroient déjà des effets de
l'inftinct & des aggrégats de matiere tout formés.

,, nes , & en particulier ,, ceux de la génération.

Depuis , M. *Diderot* a auffi parlé de cette thefe dans fes *Penfées fur l'interprétation de la nature :* " *Il femble* , dit-il page ,, 32 , *que la nature fe* ,, *foit plû à varier le mê-* ,, *me méchanifme d'une* ,, *infinité de manieres di-* ,,*férentes* ,,. Après ce dernier mot eft une étoile qui renvoye à la note fuivante.

,, Voyez l'Hift. natu-

,, relle tome IV. hiſtoire
,, du Cheval, & un petit
,, ouvrage latin intitulé,
,, *Diſſertatio inauguralis*
,, *metaphyſica, de univer-*
,, *ſali naturæ ſyſtemate,*
,, *pro gradu doctoris ha-*
,, *bitâ,* imprimé à Erlan-
,, gen en 1751, & apor-
,, té en France par M. de
,, M*** en 1753.

C'eſt M. de Mauper-
tuis qui eſt indiqué par
cette letre initiale.

M. *Diderot* revient à
la theſe page 135, en ex-
poſe

pofe le fyſtême , & y o-
pofe quelques dificultés.
C'eſt un des morceaux
de fon ouvrage qui a le
plus intéreſſé les lecteurs
philofophes & en état de
le bien entendre. Mais
ce qui les intéreſſeroit encore bien davantage , ce
feroit les réponſes de l'auteur de la *diſſertation*; &
il eſt lui-même intéreſſé
à les donner.

Il paroît que ni M.
Fréron, ni même M. *Di-
derot*, n'ont connu une
édition de cette theſe „

faite dans les pays étrangers *in-*8°. avec une prétendue traduction françoise à côté. M. *Diderot* n'auroit pas manqué d'en parler, & même de citer le françois au lieu du latin, parce qu'il auroit bien senti que c'est le françois qui est l'original, & que le latin n'est qu'une traduction. Il n'est pas étonnant que M. D. n'ait pas connu cette édition françoise & latine ; il n'y en a peut-être pas trois exemplaires à Paris. On est donc sûr de faire grand plaisir au Public , en lui donnant cet original françois. C'est un des meilleurs ouvrages de métaphysique , ou du moins un des mieux faits. Il seroit superflu d'en nomer l'auteur ; nous l'avons assez indiqué par ce que nous venons de dire. D'ailleurs ceux qui se conoissent en stile , le devineront aisément ; il en a un à lui , comme tous les grands écrivains. Le sien est précis & net , concis

& ferré, élégant fans aucune forte d'affectation, & ainfi vraiement philofophique.

Ceux qui ont bien lû *le Negre blanc* & *la Vénus phyfique*, & qui malgré l'agrément de ces ouvrages, en ont fenti la profondeur, reconoîtront que le germe de plufieurs idées de celui-ci étoit déja dans ceux-là. Si l'auteur n'eft pas le même, il a été dérobé, mais par un habile homme.

ESSAI

ESSAI

SUR

LA FORMATION

DES

CORPS ORGANISÉS.

I.

Uelques Philofophes ont crû qu'avec *la ma-tiere & le mouvement*, ils pouvoient expliquer toute la nature; & pour rendre la chofe

A

plus simple encore, ils ont averti que par *la matiere* ils n'entendoient que *l'étendue*. D'autres sentant l'insufisance de cette simplicité, ont crû qu'il faloit ajouter à l'étendue *l'impénétrabilité, la mobilité, l'inertie,* & enfin en sont venus jusqu'à *l'attraction*, une force par laquelle toutes les parties de la matiere tendent ou pesent les unes vers les autres, en raison simple directe de leur masse, & en raison réciproque de leur distance.

II.

Cette nouvelle propriété a déplû aux premiers Philosophes, qui ont reproché à ceux-ci d'avoir rapelé *les qualités ocultes* de l'anciene Philofophie, & qui ont crû avoir fur eux un grand avantage par la fimplicité de leurs principes.

III.

Cependant fi l'on examine bien les chofes, on verra que quoique ceux qui ont introduit ces propriétés dans la matiere ayent expliqué affez heureufement plufieurs phénomenes, elles ne font pas encore fuffifantes pour l'explication de plufieurs autres. Plus on aprofondit la nature, plus on voit que l'impénétrabilité, la mobilité, l'inertie, l'attraction même, font

en défaut pour un nombre infini de ses phénomenes. Les opérations les plus simples de la
Chymie ne sauroient s'expliquer
par cette attraction, qui rend si
bien raison des mouvemens des
spheres célestes : il faut dès-là
suposer des attractions qui sui-
vent d'autres loix.

I V.

Mais avec ces attractions mêmes, à moins qu'on n'en supose
autant, pour ainsi dire, qu'il y
a de diférentes parties dans la
matiere, on est encore bien loin
d'expliquer la formation d'une
plante, d'un animal.

V.

Cette impuissance a jeté les Philosophes dans quelques systêmes desefpérés , dont nous alons dire un mot avant que de propofer le nôtre.

VI.

Les uns ont imaginé *des natures plaftiques* , qui , fans intelligence & fans matiere, exécutent dans l'Univers tout ce que la matiere & l'intelligence pouroient exécuter. Les autres ont introduit des fubftances intelligentes, *des Génies* , ou *des Démons*, pour mouvoir les aftres , & pourvoir à la production des animaux, des plantes, & de tous les corps organisés.

VII.

Je n'entreprendrai point de faire voir le foible de ces deux systêmes, qui n'ont été inventés que pour soulager la Divinité dans l'Empire de l'Univers, & pour la disculper d'ouvrages qu'on trouvoit trop petits ou trop défectueux, comme si l'Etre infiniment puissant & infiniment sage pouvoit être surchargé de cet empire; & comme si, suposé qu'il y eût dans l'Univers quelque chose de défectueux, on en disculperoit l'Etre suprême, en l'atribuant à des ministres qu'il auroit employés.

VIII.

L'expérience nous aprend, quoique nous ne puissions savoir coment la chose s'exécute, que des êtres dans lesquels se trouvent l'intelligence & la matiere, peuvent agir sur les corps : mais l'expérience ne nous aprend point, & l'on ne concevra jamais, coment des substances immatérielles, sans le concours de l'Etre tout-puissant, le pouroient faire. La chose sera encore plus incompréhensible, si l'on entend que ces substances immatérielles soient de plus

privées d'intelligence : car alors
non - feulement nous n'avons
plus d'idée qui puiffe nous fervir à expliquer leurs opérations,
mais nous n'avons plus même
d'idée qui puiffe nous faire concevoir leur exiftence.

I X.

Les Philofophes qui n'ont
voulu admetre ni les natures
plaftiques ni les natures intelligentes, pour expliquer la formation des Corps organifés, ont
été réduits à regarder tous ces
corps, toutes les plantes, tous
les animaux, comme auffi an-
ciens que le monde, c'eft-à-dire
que tout ce que nous prenons

dans ce genre pour des productions nouvelles, n'étoit que des
dévelopemens & des acroisse-
mens de parties, que leur peti-
tesse avoit jusques-là tenu ca-
chées : car je ne cite plus les ef-
forts de *Descartes* & de quelques-
uns de ses disciples, pour expliquer par la seule étendue & par
le seul mouvement la formation
des animaux & de l'homme.

X.

Par ce système d'une formation simultanée, qui ne deman-
doit plus que le dévelopement
successif & l'acroissement des parties d'individus tout formés. &
contenus les uns dans les autres,

on crut s'être mis en état de ré-
foudre toutes les dificultés. On
ne fut plus en peine que pour
favoir où placer ces magafins
inépuifables d'individus ; les uns
les placerent dans un fexe, les
autres dans l'autre, & chacun
pendant long-tems fut content
de fes idées.

X I.

Cependant fi l'on examine
avec plus d'atention ce fyftême,
on voit qu'au fond il n'explique
rien ; que fupofer tous les individus formés par la volonté du
Créateur dans un même jour de
la création, eft plûtôt raconter
un miracle que doner une expli-

cation phyſique ; qu'on ne gagne même rien par cette ſimultanéité, puiſque ce qui nous paroit ſucceſſif eſt toujours pour Dieu ſimultanée. Enfin les expériences les plus exactes & les phénomenes les plus déciſifs font voir qu'on ne peut ſupoſer cette ſuite infinie d'individus, ni dans un ſexe ni dans l'autre, & renverſent le ſyſtême de fond en comble.

XII.

Si nous diſions que chaque corps organiſé, chaque plante, chaque animal, au moment où il paroît à nos yeux, eſt l'ouvrage immédiat du Créateur ; ceux

qui difent que tous ces individus ont été créés à la fois, n'auroient aucun avantage fur nous,
& auroient de plus l'embaras
de concevoir ce nombre inom-
brable de corps organifés contenus les uns dans les autres.
Mais, comme nous venons de
le dire, ce ne font pas là des explications.

XIII.

Peut - être l'expofition que
nous venons de faire des fyftê-
mes auxquels on a été obligé
d'avoir recours, difpofera-t-elle
nos lecteurs à juger avec plus
d'indulgence du nôtre. En tout
cas nous ne prétendons pas af-

fûrément le donner ni comme
prouvé , ni comme à l'abri de
toutes objections. Dans une matiere auffi ténébreufe nous fe-
rons contens fi ce que nous pro-
pofons eft fujet à moins de dificultés , ou moins éloigné de la
vrai femblance, que ce qu'ont
propofé les autres.

XIV.

Une attraction uniforme &
aveugle répandue dans toutes
les parties de la matiere , ne
fauroit fervir à expliquer comment ces parties s'arangent
pour former le corps dont l'or-
ganifation eft la plus fimple. Si
toutes ont la même tendance,

la même force pour s'unir les unes aux autres, pourquoi celles-ci vont-elles former l'œil, pourquoi celles-là l'oréille ? Pourquoi ce merveilleux arangement? Pourquoi ne s'unissent-elles pas toutes pêle-mêle? Si l'on veut dire sur cela quelque chose qu'on conçoive, quoiqu'encore on ne le conçoive que sur quelque analogie, il faut avoir recours à quelque principe d'intelligence, à quelque chose de semblable à ce que nous apelons *desir, aversion, mémoire*.

XV.

Qu'on ne s'alarme pas par les mots que je viens de prononcer ; qu'on ne croye pas que je veuille établir ici une opinion dangereuſe. J'entens déja murmurer tous ceux qui prenent pour un pieux zele l'opiniâtreté dans leur ſentiment, ou la dificulté qu'ils ont à recevoir de nouvelles idées. Ils vont dire que tout eſt perdu, ſi l'on admet la penſée dans la matiere : mais je les prie de m'écouter & de me répondre.

XVI.

Croyent-ils de bonne foi que les bêtes ſoient de pures machines ? Si même ils le croyent, croyent-ils que la Religion ordone de le croire, & défende d'admetre dans les bêtes quelque degré de pensée ? Car je ne cherche point à dissimuler la chose par les termes *d'ame sensitive*, ou autres semblables. Tous ceux qui raisonent s'acordent à réduire le sentiment à la perception, à la pensée.

XVII.

Les Théologiens les plus orthodoxes, & même tous les Théologiens des premiers tems, ont acordé de l'intelligence aux bêtes : & si quelques-uns se sont servi du terme d'ame sensitive, ils ont toujours crû que les bêtes voyoient, entendoient, desiroient, craignoient,

se

fe souvenoient. Ils crurent même, lorſque le ſyſtême du mé-
chaniſme des bêtes parut, que
c'étoit une opinion contraire à
la Religion ; & Deſcartes eſſuya
pour ce ſyſtême les mêmes opo-
ſitions que ſes ſeⱷateurs voudroient faire eſſuyer aux autres
pour le ſyſtême opoſé.

XVIII.

Or ſi dans de gros amas de
matiere, tels que ſont les corps
des animaux, l'on admet ſans
péril quelque principe d'intelligence, quel péril plus grand
trouvera-t-on à l'atribuer aux
plus petites parties de la matiere ? Si l'on dit que l'organiſation

B

en fait la diférence, conçoit-on
que l'organisation qui n'est qu'-
un arangement de parties, puisse
jamais faire naître une pensée?
Mais encore ce n'est pas de quoi
il s'agit ici; il n'est question que
d'examiner s'il y a du péril à suposer dans la matiere quelque
degré d'intelligence. Le péril,
s'il existoit, seroit aussi grand à
l'admetre dans le corps d'un
Eléphant ou d'un Singe, qu'à
l'admetre dans un grain de sable.

XIX.

Or non-seulement on ne voit
aucun péril à acorder à la matiere quelque degré d'intelligence, de desir, d'aversion, de mé-

moire dans les bêtes ; non-seulement les premiers docteurs de
notre Religion ne leur ont point
refusé l'intelligence, mais ils ont
crû même matérielle cette intelligence qui leur rend l'homme
si supérieur.

X X.

Nous sommes donc à notre
aise du côté des Théologiens ; &
nous n'avons plus à faire qu'aux
Philosophes, avec lesquels nous
n'avons plus à employer les ar-
mes de l'autorité, mais avec lesquels aussi nous n'avons plus à
les craindre.

XXI.

Les premiers qui se présen-
tent sont ceux qui veulent qu'il
soit impossible que la pensée a-
partiene à la matiere. Ceux - ci
regardent la pensée comme l'essence propre de l'ame, & l'étendue comme l'essence propre du
corps : & ne trouvant dans l'i-
dée qu'ils se font de l'ame, aucune des propriétés qui apartienent au corps, ni dans l'idée
qu'ils se font du corps, aucune
des propriétés qui puissent con-
venir à l'ame, ils se croyent fon-
dés à assûrer non-seulement la
distinction de ces deux substances, mais encore l'impossibilité

qu'elles ayent aucunes propriétés comunes.

X X I I.

Tout ceci pourtant n'eſt qu'un jugement précipité & porté ſur des choſes dont on ne conçoit point aſſez la nature. S'il étoit vrai que l'eſſence de l'ame ne fût que la penſée, & que l'eſſence du corps ne fût que l'étendue, le raiſonement de ces Philoſophes ſeroit juſte; car il n'y a rien qu'on voye plus clairement que la diférence entre l'étendue & la penſée. Mais ſi l'une & l'autre ne ſont que des propriétés, elles peuvent apartenir toutes deux à un ſujet dont l'eſſen-

ce propre nous eſt inconue.
Tout le raiſonement de ces Philoſophes tombe, & ne prouve
pas plus l'impoſſibilité de la co-
exiſtence de la penſée avec l'é-
tendue, qu'il ne prouveroit qu'il
fût impoſſible que l'étendue ſe
trouvât jointe à la mobilité. Car
s'il eſt vrai que nous trouvions
plus de répugnance à concevoir
dans un même ſujet l'étendue &
la penſée, qu'à concevoir l'étendue & la mobilité, cela ne vient
que de ce que l'expérience mon-
tre l'un continuellement à nos
yeux, & ne nous fait conoitre
l'autre que par des raiſonemens
& des inductions.

XXIII.

Tout ce qui réfulte donc de ceci, c'eft que la penfée & l'éten-due font deux propriétés fort diftinctes l'une de l'autre : mais peuvent-elles ou ne peuvent-elles pas fe trouver enfemble dans un même fujet ? C'eft à l'examen des phénomenes de la nature à nous aprendre ce que nous devons en penfer.

XXIV.

Dans l'explication de ces phé-nomenes nous n'avons plus qu'-une regle à obferver. C'eft que nous y employions le moins de principes , & les principes les

plus simples qu'il soit possible.
Mais, dira-t-on peut-être, est-
ce employer des principes simples que d'admetre de la pensée dans la matiere ? Si l'on pouvoit expliquer les phénomenes
sans cette propriété, on auroit
tort de l'admetre. Si en ne su-
posant que l'étendue & le mouvement dans la matiere, on pouvoit donner des explications sufisantes, *Descartes* seroit le plus
grand de tous les Philosophes.
Si en ajoutant les propriétés
que les autres ont été obligés
d'admetre, on pouvoit se satis-
faire, on ne devroit point encore recourir à des propriétés
nouvelles. Mais si avec toutes
ces

ces propriétés, la nature reſte inexplicable, ce n'eſt point déroger à la regle que nous avons établie, que d'admetre de nouvelles propriétés : une Philoſophie qui n'explique point les phénomenes, ne ſauroit jamais paſſer pour ſimple ; & celle qui admet des propriétés que l'expérience fait voir néceſſaires, n'eſt jamais trop compoſée.

X X V.

Les phénomenes les plus univerſels & les plus ſimples de la nature, les ſeuls phénomenes du choc des corps, ne pûrent ſe déduire des principes que *Deſcartes* poſoit. Les autres Philoſophes ne furent pas beaucoup plus heureux, jusqu'à ce qu'on introduisît l'attraction. On put alors expliquer tous les phénomenes célestes, & plusieurs de ceux qui s'observent sur la terre. Plus on a eu de phénomenes à expliquer, plus il a fallu charger la matiere de propriétés.

XXVI.

Mais si avec toutes celles qu'on y a admises, il n'est pas possible d'expliquer la formation des corps organisés, il faudra bien en admetre encore de nouvelles, ou plûtôt reconoître les propriétés qui y sont.

XXVII.

La Religion défend de croire que les corps que nous
voyons doivent leur premiere
origine aux seules loix de la matiere, aux propriétés de la matiere. Les divines Ecritures nous
aprenent comment tous ces
corps furent d'abord tirés du
néant & formés : & nous sommes bien éloignés d'avoir le
moindre doute sur aucune des
circonstances de ce recit ; nous
n'userons point de la licence
que plusieurs Philosophes se
donnent aujourd'hui, d'inter-
préter, selon les systêmes qu'ils
ont embrassés, les expressions

du texte sacré, dont l'auteur, selon eux, s'est proposé plûtôt de
parler d'une maniere populaire,
que de donner des choses un recit exact. Mais ce monde une
fois formé, par quelles loix se
conserve - t - il ? Quels sont les
moyens que le Créateur a desti-
nés pour reproduire les individus qui périssent ? Ici nous avons
le champ libre, & nous pouvons
proposer nos idées.

XXVIII.

Nous avons vû qu'on pou-
voit sans danger admettre dans
la matiere des propriétés d'un
autre ordre que celles qu'on a-
pele physiques ; qu'on pouvoit

lui acorder quelque degré d'intelligence, de desir, d'aversion, de mémoire. Je crois en voir la nécessité. Jamais on n'expliquera la formation d'aucun corps organisé, par les seules propriétés physiques de la matiere; & depuis *Epicure* jusqu'à *Descartes*, il n'y a qu'à lire les écrits de tous les Philosophes qui l'ont entrepris, pour en être persuadé.

XXIX.

Si l'Univers entier est une si forte preuve qu'une suprême intelligence l'a ordoné & y préside, on peut dire que chaque corps organisé nous présente une preuve proportionée d'une intelligence néceffaire pour le produire. Et ceux qui pour cacher l'impuiffance où ils font d'expliquer cette production, ont recours à dire que tous les corps organifés, formés dans un même tems, ne font plus que fe déveloper à l'infini, quoiqu'ils admetent une premiere formation, imitent cependant dans leur maniere de raifoner ceux qui ne voulant point admetre pour la formation de l'Univers une intelligence fuprême, difent qu'il eft éternel.

X X X.

Les uns & les autres font obligés de remonter à une caufe

intelligente. La premiere production dans tous les ſyſtêmes
eſt un miracle. Dans le ſyſtême
des dévelopemens, les productions de chaque individu ſont
autant de miracles de plus : &
quoique tous ces miracles, qui
ne paroiſſent que dans des tems
ſucceſſifs, eûſſent été faits dans
un même tems , tous les tems
étant pour Dieu également pré-
ſens, il y auroit autant employé
d'opérations miraculeuſes, que
s'il ne les avoit réelement faits
que l'un après l'autre dans les
tems qui nous paroiſſent ſucceſſifs.

X X X I.

Mais s'il a doué chacune des

plus petites parties de la matiere, chaque élément *, de quelque propriété semblable à ce
que nous apelons en nous desir, aversion, mémoire, la formation des premiers individus
ayant été miraculeuse, ceux
qui leur ont succédé ne font
plus que les éfets de ces propriétés. Les élémens propres
pour chaque corps se trouvant
dans les quantités sufisantes,
& dans les distances d'où ils peuvent exercer leur action, vien-
dront s'unir les uns aux autres,

* J'apele ici *élémens* les plus petites
parties de la matiere dans lesquelles la
division est possible, sans entrer dans
la question, si la matiere est divisible
à l'infini, ou si elle ne l'est pas.

pour réparer continuellement
les pertes de l'Univers.

XXXII.

Toutes les dificultés infur-
montables dans les autres fyftê-
mes difparoiffent dans celui-ci :
la reffemblance aux parens, la
production des monftres, la
naiffance des animaux *metis* ;
tout s'explique facilement.

XXXIII.

Les élémens propres à former
le *fœtus* nagent dans les femences des animaux pere & mere ;
mais chacun, extrait de la partie femblable à celle qu'il doit
former, conferve une efpece de

souvenir de son ancienne situa-
tion, & l'ira reprendre toutes les
fois qu'il le poura, pour former
dans le *fœtus* la même partie.

XXXIV.

De-là dans l'ordre ordinaire,
la conservation des especes &
la ressemblance aux parens.

XXXV.

Si quelques élémens man-
quent dans les semences , ou
qu'ils ne puissent s'unir, il naît
de ces monstres auxquels il manque quelque partie.

XXXVI.

Si les élémens se trouvent

en trop grande quantité, ou qu'après leur union ordinaire, quelque partie reftée découverte permete encore à quelque autre de s'y apliquer ; il naît un monftre à parties fuperflues.

XXXVII.

Si les femences partent d'animaux de diférentes efpeces, mais dans lefquelles il refte encore affez de raport entre les élémens ; les uns plus atachés à la forme du pere, les autres à la forme de la mere, feront des animaux métis.

XXXVIII.

Enfin fi les élémens fortent

d'animaux qui n'ayent plus en-
tr'eux l'analogie sufisante, ces
élémens ne pouvant prendre, ou
ne pouvant conserver un arangement convenable, la génération devient impossible.

XXXIX.

Au contraire, il est des élémens si susceptibles d'arangement, ou dans lesquels le souvenir est si confus, qu'ils s'aran-
geront avec la plus grande faci-
lité; & l'on verra peut-être des
animaux nouveaux se produire
par des moyens diférens des générations ordinaires, comme
ces merveilleuses anguilles qu'-
on prétend qui se forment avec

de la farine détrempée, & peut-
être tant d'autres animalcules
dont la plupart des liqueurs
fourmillent.

X L.

On peut encore expliquer
par ce fyſtême quelques phénomenes particuliers de la génération qui paroiſſent inexplica-
bles dans les autres. C'eſt une
choſe aſſez ordinaire de voir un
enfant reſſembler plus à quel-
qu'un de ſes ayeux qu'à ſes plus
proches parens. Les élémens
qui forment quelques-uns de ſes
traits, peuvent avoir mieux con-
ſervé l'habitude de leur ſitua-
tion dans l'ayeul que dans le Pe-

re ; foit parce qu'ils auront été dans l'un plus long-tems unis qu'ils ne l'auront été dans l'autre, foit par quelques degrés de force de plus pour s'unir; & alors ils fe feront placés dans le *fœtus*, comme ils étoient dans l'ayeul.

XLI.

Un oubli total de la premiere fituation fera naître ces monftres dont toutes les parties font bouleverfées.

XLII.

Un phénomene des plus finguliers & des plus dificiles à expliquer, c'eft la ftérilité des mulets. L'expérience a apris qu'au-

cun animal, né de l'acouple-
ment de diférentes efpeces, ne
reproduit. Ne pouroit-on pas dire que dans les parties du mulet & de la mule, les élémens
ayant pris un arangement particulier, qui n'étoit ni celui qu'ils
avoient dans l'âne, ni celui qu'ils
avoient dans la jument, lorfque
ces élémens paffent dans les femences du mulet & de la mule,
l'habitude de ce dernier arange-
gement étant plus récente, &
l'habitude de l'arangemenr qu'-
elles avoient chez les ayeux é-
tant plus forte, comme contrac-
tée par un plus grand nombre
de générations, les élémens ref-
tent dans un certain équilibre,

& ne s'uniſſent ni de maniere
ni d'autre.

XLIII.

Il peut au contraire y avoir
des arangemens ſi tenaces, que
dès la premiere génération ils
l'emportent ſur tous les arangemens précédens, & éfacent l'habitude.

XLIV.

Ne pouroit-on pas expliquer
par-là comment de deux ſeuls individus, la multiplication des
eſpeces les plus diſſemblables
auroit pû s'enſuivie ? Elles n'auroient dû leur premiere origine
qu'à quelques productions fortuites,

tuites dans leſquelles les parties élémentaires n'auroient pas retenu l'ordre qu'elles tenoient dans les animaux peres & meres : chaque degré d'erreur auroit fait une nouvelle eſpece ; & à force d'écarts répétés ſeroit venue la diverſité infinie des animaux que nous voyons aujourd'hui , qui s'acroîtra peut-être encore avec le tems, mais à laquelle peut-être la ſuite des ſiecles n'aporte que des acroiſſemens impercep-tibles.

X L V.

Deux moyens diférens des moyens ordinaires que la natu-re employe pour la production

D

des animaux, loin d'être des objections contre ce fyftême, lui
font indiférens, ou lui feroient
plûtôt favorables. On conoît
des infectes dont chaque individu fufit pour fa reproduction.
On en a découvert qui fe repro-
duifent par la fection des parties de leurs corps. Ni l'un ni
l'autre de ces phénomenes n'a-
porte à notre fyftême aucune
dificulté nouvelle : & s'il eft
vrai, comme quelques-uns des
plus fameux obfervateurs le pré-
tendent, qu'il y ait des animaux,
qui fans pere ni mere naiffent de
matieres, dans lefquelles on ne
foupçonoit aucune de leurs femences, le fait ne fera pas plus

dificile à expliquer : car les vé-
ritables femences d'un animal
font les élémens propres à s'u-
nir d'une certaine maniere : &
ces élémens , quoique pour la
plupart des animaux, ils ne fe
trouvent dans la quantité fufi-
fante, ou dans les circonftances
propres à leur union, que dans
le mêlange des liqueurs que les
deux fexes répandent, peuvent
cependant, pour la génération
d'autres efpeces, fe trouver dans
un feul individu ; enfin ailleurs
que dans l'individu même qu'ils
doivent produire. ·

X. L V I.

Mais le fyftême que nous pro-

posons se borneroit-il aux animaux , & pourquoi s'y borneroit-il? Les végétaux, les minéraux, les métaux même ne pou-
roient-ils pas avoir de semblables origines?

X L V I I.

Ce n'est point ici le lieu de
raconter les changemens qui paroissent être arivés à notre globe, ni les causes qui ont pû les
produire. Il a pû se trouver sub-
mergé dans l'athmosphere de
quelque corps céleste : il a pû
se trouver brulé par l'aproche
de quelque autre : il a pû se trouver plus près du Soleil qu'il n'est
aujourd'hui, fondu ou vitrifié par

les rayons de cet aſtre. On voit aſſez que dans les combinaiſons
d'un grand nombre de globes,
dont les uns traverſent les routes
des autres, tous ces accidens
ſont poſſibles.

XLVIII.

Mais on peut partir du fait :
tout nous fait conoître que toutes les matieres que nous voyons
ſur la ſuperficie de notre terre,
ont été fluides, ſoit qu'elles
ayent été diſſoutes dans les
eaux, ſoit qu'elles ayent été fon-
dues par le feu. Or dans cet état
de fluidité où les matieres de
notre globe ont été, elles ſe ſont
trouvées dans le même cas que

ces liqueurs dans lesquelles nagent les élémens qui doivent
produire les animaux : & les métaux, les minéraux, les pierres
précieufes ont été bien plus faciles à former que l'infecte le
moins organifé. Les parties les
moins actives de la matiere auront formé les métaux & les
marbres ; les plus actives ', les
animaux & l'homme. Toute la
diférence qui eft entre ces productions, eft que les unes fe con-
tinuent par la fluidité des matieres où fe trouvent leurs élémens, & que l'endurciffement
des matieres où fe trouvent les
élémens des autres, ne leur per-
met plus de productions nouvelles.

X L I X.

C'eſt ainſi qu'on expliqueroit par un même principe toutes les productions auxquelles nous ne ſaurions aujourd'hui rien comprendre. Dans l'état de fluidité où étoit la matiere, chaque élément aura été ſe placer de la maniere convenable pour former ces corps, dans leſquels on ne reconnoit plus de veſtige de leur formation. C'eſt ainſi qu'une armée vûe d'une certaine diſtance, pouroit ne paroître à nos yeux que comme un grand animal : c'eſt ainſi qu'un eſſain d'abeilles, lorſqu'elles ſe ſont aſſemblées & unies autour

de la branche de quelque ar-
bre, n'ofre plus à nos yeux qu'-
un corps qui n'a aucune reſſem-
blance avec les individus qui
l'ont formé.

L.

Mais chaque élément, en dé-
poſant ſa forme, & s'acumulant
au corps qu'il va former, dépo-
ſeroit - il auſſi ſa perception?
Perdroit-il, afoibliroit-il le petit
degré de ſentiment qu'il avoit,
ou l'augmenteroit - il par ſon
union avec les autres, pour le
profit du tout?

LL

LI.

La perception étant une propriété essentielle des élémens, il ne paroît pas qu'elle puisse périr, diminuer, ni s'acroître. Elle peut bien recevoir diférentes modifications, par les diférentes combinaisons des élémens ; mais elle doit toujours, dans l'Univers, former une même somme, quoíque nous ne puissions ni la suivre ni la reconoître.

LII.

Il ne nous est pas possible de savoir par l'expérience ce qui se passe sur cela dans les especes

E

diférentes de la nôtre ; nous n'en
pouvons tout au plus juger que
par l'analogie : & l'expérience
de ce qui se passe en nous - même , qui seroit néceffaire pour
cette analogie , ne nous inftruit
pas encore suffisament : mais
chez nous il femble que de toutes les perceptions des élémens
raffemblées , il en réfulte une
perception unique beaucoup
plus forte, beaucoup plus par-
faite qu'aucune des perceptions
élémentaires , & qui eft peut-
être à chacune de ces perceptions dans le même raport que
le corps organifé eft à l'élément.
Chaque élément, dans fon union
avec les autres, ayant confondu

ſa perception avec les leurs, &
perdu le ſentiment particulier du
ſoi, le ſouvenir de l'état primitif
des élémens nous manque, &
notre origine doit être entierement perdue pour nous.

L I I I.

Dans les animaux dont les
corps ont le plus de raport avec
le nôtre, il eſt vrai-ſemblable
qu'il ſe paſſe quelque choſe, je
ne dis pas de pareil, mais d'ana-
logue : cette analogie en dimi-
nuant toujours, peut s'étendre
juſqu'aux zoophytes, aux plantes ; juſqu'aux minéraux, aux
métaux; & je ne ſais pas où elle doit s'arêter. Quant à la ma-

niere dont se fait cette réunion
de perceptions , c'est vrai-sem-
blablement un mystere que nous
ne pénétrerons jamais.

LIV.

Jusqu'ici , parlant en Physi-
ciens , nous n'avons considéré
que ces intelligences nécessaires
pour la formation des corps ; &
c'est ce que l'homme a de com-
mun avec les bêtes, les plantes,
& en quelque sorte avec tous les
êtres organisés. Mais il a de plus
qu'eux un principe qui rend sa
condition bien diférente de la
leur, qui lui fait conoître Dieu,
& dans lequel il trouve les idées
morales de ses devoirs. Les per-

ceptions particulieres des élémens n'ayant pour objet que la
figure & le mouvement des parties de la matiere, l'intelligence
qui en résulte reste dans le même genre, avec quelque degré
de plus seulement de perfection.
Elle s'exerce sur les propriétés
physiques, & peut s'étendre jusqu'aux spéculations de l'arith-
métique & de la géométrie :
mais elle ne sauroit s'élever à
ces conoissances d'un tout autre ordre, dont la source n'exis-
te point dans les perceptions é-
lémentaires. Je n'entreprendrai
pas d'expliquer quelle espece
de commerce peut se trouver
entre le principe moral & l'intel-

ligence qui réfulte des perceptions réunies des élémens : il fufit que nous fachions que nous
avons une ame indivifible, im-
mortelle, entierement diftincte
du corps, & capable de mériter
des peines ou des récompenfes
éternelles.

L V.

Mais quelque autre fyftême
qu'on embraffe, n'y aura-t-il
pas des dificultés pour le moins
auffi grandes ? Dans le fyftême
du dévelopement, l'animalcule
qui doit former l'homme, ou
plûtôt qui eft déja l'homme tout
formé, a-t-il déja reçû ce don
célefte qui doit conduire fes ac-

tions, lorſqu'il vivra parmi nous?
S'il l'a déja, l'animalcule con-
tenu à l'infini doit l'avoir auſſi:
& toutes ces ames contenues,
pour ainſi dire, les unes dans les
autres, ſeront-elles plus faciles à
concevoir que la réunion des
perceptions élémentaires? Chaque ame, quoique toutes pro-
duites au moment de la création du premier homme, aura
eu ſa création particuliere; &
n'aura-ce pas encore été de nouveaux miracles, que d'avoir ſuſ-
pendu pendant tant de ſiecles
les opérations de tant d'ames,
dont la nature eſt de ſe conoître & de penſer?

E iiij

LVI.

Si, comme c'est la commune opinion, mais l'opinion la moins philosophique, l'ame ne comence à exister, & ne vient animer l'embryon, que lorsqu'il est parvenu à un certain terme d'acroissement dans le ventre de la mere , les dificultés ne seront pas moindres. Le *fœtus* ne se dévelope & ne s'acroît que par des degrés insensibles, & qui, pour ainsi dire, se touchent tous : auquel de ces degrés passera-t-il subitement de l'état de n'avoir point d'ame à celui d'en avoir?

L V I I.

Malgré tout ce que j'ai dit
au comencement de cet Effai,
je crains encore qu'on ne renou-
velle le murmure contre ce que
je propofe. J'ai cependant fait
voir, d'une maniere qui me paroît inconteftable , qu'il n'y a
pas plus de péril à admetre dans
les parties de la matiere quelque degré d'intelligence , qu'à
l'acorder aux animaux que nous
regardons comme les plus par-
faits. Dira-t-on que ce n'eft qu'-
un inftinct qu'on acorde à ceux-
ci ? Inftinct foit ; qu'on l'apele
ainfi, fi l'on veut : cet inftinct
qui rend les animaux capables

d'une si nombreuse multitude,
& d'une si grande variété d'opérations, sufira bien pour aran-
ger & unir les parties de la matiere. Enfin qu'on apele encore,
si l'on veut, les élémens *des ani-*
maux ; (car je ne sais plus ce
qu'il faut pour faire un animal)
& qu'on me laisse dire que tous
ces petits animaux , par leurs
instincts particuliers , s'assem-
blent & s'unissent pour former
les corps.

LVIII.

Dans quelle admiration, &
combien loin de toute explication ne nous jeteroient pas les
ouvrages de l'araignée, de la

chenille, de l'abeille, ſi nous ne
les voyions pas ſe former ſous
nos yeux? On a pris long-tems
pour des plantes ou pour des
pierres, les coraux, les madre-
pores, & pluſieurs corps de cette
eſpece, qui ne ſont que les ouvrages des inſectes marins qu'on n'a-
voit point aperçus. Je me ſuis aſſez expliqué pour qu'on ne con-
fonde pas ces dernieres forma-
tions avec celles dont nous a-
vons juſqu'ici parlé; elles en diſe-
rent eſſentiellement: dans les u-
nes, les ouvriers bâtiſſent avec
des matériaux étrangers ; dans
les autres, les matériaux ſont les
ouvriers eux-mêmes. Je ne cite
ces ſortes d'ouvrages que com-

me des exemples de ce dont
l'inftinct de quelques infectes
eft capable. J'abandone, fi l'on
veut, les termes de defir, d'aver-
fion, de mémoire, celui d'inftinct même; qu'on donne le nom
qu'on voudra aux propriétés
qui font exécuter à des infectes
ces merveilleux ouvrages : mais
qu'on me dife s'il eft plus dificile de concevoir que des animaux, moins animaux que ceux-
là, par quelque propriété de
même genre, foient capables
de fe placer & de s'unir dans
un certain ordre ?

LIX.

Au fond, toute la répugnan-

ee qu'on a à acorder à la matiere un principe d'intelligence,
ne vient que de ce que l'on croit
toujours que ce doit être une
intelligence femblable à la nôtre ; mais c'eft dequoi il faut
bien fe donner de garde. Si l'on
refléchit fur l'intelligence hu-
maine, on y découvre une infinité de degrés tous diférens entre eux, dont la totalité forme
fa perfection. Le premier inftant
où l'ame s'aperçoit, le moment
où l'homme fe réveille, font
affûrément des états où fon intelligence eft très-peu de chofe;
le moment où il s'endort n'eft
pas plus lumineux, & dans la
journée même il fe trouve en-

core bien des inftans oú il n'eft
ocupé que de fentimens bien le-
gers & bien confus. Tous ces é-
tats apartienent à une intelligence dont ils ne font que difé ;
rens degrés ; cependant fi l'homme étoit toujours dans des états
femblables à ceux que je viens
de citer, je doute que fon intelligence fût fort préférable à
celle des animaux, & qu'on pût
lui demander ce compte, qui
rend fa condition fi diférente
de la leur.

L X.

Parlerons-nous ici de ce fyftême abfurde, (mais eft-ce un
fyftême?) qu'un philofophe im-

pie imagina, qu'un grand poë-
te orna de toutes les richesses
de son art, & que les libertins
de nos jours voudroient reproduire? Ce systême n'admet pour
principes dans l'univers que des
atomes éternels, sans sentiment
& sans intelligence, dont les rencontres fortuites ont formé toutes choses: une organisation ac-
cidentelle fait l'ame, qui se dé-
truit dès que l'organisation ces-
se.

LXI.

Pour renverser un tel systême,
il sufiroit de demander à ceux
qui le soutienent comment il
seroit possible que des atomes

sans intelligence produisissent une intelligence ? Ces esprits forts qui refusent de croire qu'une puissance infinie ait pû tirer le monde du néant, croyent que l'intelligence se tire du néant elle-même ; car elle naîtroit du néant, si, sans qu'il y eût aucun être qui contînt rien de sa nature, elle se trouvoit tout-à-coup dans l'univers.

LXII.

L'intelligence que nous éprouvons en nous-mêmes, indique nécessairement une source d'où émane dans le degré qui convient à chacun, l'intelligence de l'homme, des animaux, &
de

de tous les êtres, jufqu'aux der-
niers élémens.

LXIII.

Dieu, en créant le monde,
doua chaque partie de la matiere de cette propriété, par laquelle il voulut que les individus qu'il avoit formés, fe re-
produififfent. Et puifque l'intelligence eft néceffaire pour la
formation des corps organifés,
il paroît plus grand & plus di-
gne de la divinité qu'ils fe forment par les propriétés qu'elle
a une fois répandues dans les é-
lémens, que fi ces corps étoient
à chaque fois des productions
immédiates de fa puiffance.

F

LXIV.

Tous les systêmes sur la formation des corps organisés se réduisent donc à trois, & ne paroissent pas pouvoir s'étendre à un plus grand nombre.

I. Celui où les élémens bruts & sans intelligence, par le seul hasard de leurs rencontres, auroient formé l'univers.

II. Celui dans lequel l'Etre suprême, ou des êtres subordonés à lui, distincts de la matiere, auroient employé les élémens, comme l'architecte employe les pierres dans la construction des édifices.

III. Enfin, celui où les élémens eux-mêmes doués d'intelligence s'arangent & s'unissent
pour remplir les vûes du Créateur.

F I N.